Ifueko, Oghogho Ukponmwan

Avaliação sensorial dos métodos comuns de conservação de tomates

Ifueko, Oghogho Ukponmwan

Avaliação sensorial dos métodos comuns de conservação de tomates

ScienciaScripts

Imprint
Any brand names and product names mentioned in this book are subject to trademark, brand or patent protection and are trademarks or registered trademarks of their respective holders. The use of brand names, product names, common names, trade names, product descriptions etc. even without a particular marking in this work is in no way to be construed to mean that such names may be regarded as unrestricted in respect of trademark and brand protection legislation and could thus be used by anyone.

Cover image: www.ingimage.com

This book is a translation from the original published under ISBN 978-3-659-86138-3.

Publisher:
Sciencia Scripts
is a trademark of
Dodo Books Indian Ocean Ltd. and OmniScriptum S.R.L publishing group

120 High Road, East Finchley, London, N2 9ED, United Kingdom
Str. Armeneasca 28/1, office 1, Chisinau MD-2012, Republic of Moldova, Europe
Printed at: see last page
ISBN: 978-620-8-33357-7

ÍNDICE DE CONTEÚDO

RECONHECIMENTO

Os meus sinceros agradecimentos à minha assistente de investigação Joan Uhunamure pela sua grande ajuda na realização deste trabalho. Agradeço também aos autores cujos materiais são citados neste trabalho. Serviram-me de ponto de referência.

CAPÍTULO 1

1.0 INTRODUÇÃO

Os tomates extremamente maduros e sumarentos podem ser conservados através de enlatamento, congelamento ou secagem. Alguns destes métodos são demorados, mas nenhum requer competências especiais ou algo complicado. (Addison, 2014)

No passado, antes dos frigoríficos, a secagem era a única forma de armazenar alimentos perecíveis. Além disso, quando se viajava para zonas sem abastecimento de alimentos (em terra ou certamente no mar), era a única forma de ter carne, peixe ou alguns legumes. A última razão é a possibilidade de consumir alimentos que não são da época. Por exemplo, os frutos silvestres crescem normalmente no verão e a confeção de conservas permite que as pessoas os tenham durante todo o ano.

Nos dias de hoje, com a refrigeração, o fácil acesso aos supermercados e os camiões que levam qualquer tipo de alimento a qualquer lugar. A principal razão para conservar é, na verdade, mais um luxo, um simples prazo de validade no frigorífico, os alimentos podem ser utilizados durante mais tempo antes de serem deitados fora. (Tremblay, 2014)

Existem várias razões para conservar os alimentos, incluindo: uma óptima maneira de esticar o orçamento, poupar dinheiro, ajudar o ambiente e viver uma vida mais saudável, tudo ao mesmo tempo. A conservação dos alimentos aumenta o período de tempo em que podem ser armazenados. Prolonga o seu prazo de validade e permite-lhes durar mais tempo, por exemplo, os frutos frescos não duram mais do que uma semana ou mais numa prateleira, mas secos, enlatados ou congelados podem durar meses. A conservação dos produtos em excesso permite dar variedade às refeições e reduzir o desperdício. (Tremblay, 2014)

Os tomates são frequentemente considerados como um vegetal. São um alimento versátil. São deliciosos quando consumidos crus em saladas ou sanduíches e adquirem uma doçura maravilhosa quando cozinhados. O seu elevado teor de ácido torna-os um instrumento perfeito para a produção de conservas. Os tomates são uma parte importante da dieta da Nigéria, pelo que é difícil acreditar que em tempos foram considerados tóxicos. Só em 1800 é que se tornaram um alimento básico nos EUA. Os frutos vermelhos brilhantes (que, na verdade, existem em todo o tipo de cores, incluindo amarelo e roxo profundo) estão repletos de vitaminas (A, C e E). Um tomate inteiro médio contém cerca de 22 calorias, 0 g de gordura, 5 g de hidratos de carbono, 1 g de fibra alimentar, 1 g de proteínas e 6 mg de sódio. São baixos em quilocalorias, com cerca de 14 quilocalorias por 100g, aproximadamente um tomate clássico e meio ou cinco a seis tomates. (Mann, 2010)

Os tomates não são apenas uma boa fonte de vitamina A e C, mas são também uma boa fonte de outras vitaminas e minerais. Os tomates contêm níveis mais elevados de minerais, fósforo e potássio, contêm também folato e níveis elevados de antioxidantes beta-caroteno e licopeno. Um tomate médio contém 552mcg de beta-caroteno e 3.165mcg de licopeno, que podem ajudar a reforçar o sistema imunitário, combatendo os efeitos nocivos de substâncias chamadas radicais livres. (Pauling, 2009)

Numerosos estudos concluíram que quanto mais tomate se consome, menor é o risco de certos tipos de cancro. Pensa-se que uma substância chamada licopeno, que é responsável pela cor vermelha do tomate, é a razão deste efeito protetor do cancro. Os tomates transformados contêm ainda mais licopeno do que os tomates crus. O processo de cozedura quebra a parede celular, ajudando assim a libertar o licopeno. Comer tomates com um pouco de gordura, como azeitonas, ajuda o licopeno a ser melhor absorvido. (Collier, 2013)

Os tomates são ricos em antioxidantes importantes, como a vitamina C e a vitamina A. Estas vitaminas actuam para evitar os danos no ADN provocados pelos radicais. Consequentemente, o tomate pode ajudar a evitar doenças relacionadas com a idade, como a aterosclerose e a diabetes. (Collier, 2013)

O tomate contém nutrientes importantes como a niacina, o folato e a vitamina B_6 que estão associados à redução de doenças cardíacas. Um estudo mostrou que as mulheres que consomem 7 a 10 porções de produtos de tomate por semana têm um risco 29% menor de doença cardiovascular do que as mulheres que consomem menos de uma porção e meia de produtos de tomate por semana. (Mann, 2010)

Outro estudo mostrou que o consumo de 0,2 litros de sumo de tomate por dia reduziu significativamente a agregação plaquetária entre os sujeitos do estudo. Beber sumo de tomate com baixo teor de sódio protege contra a trombose (coágulos de sangue nos vasos sanguíneos), mas níveis elevados de sódio podem causar efeitos negativos neste tipo de doença. (Mann, 2010)

Um estudo duplamente cego descobriu que beber um copo de sumo de tomate por dia pode reduzir os níveis sanguíneos de TNF - a (fator de necrose tumoral) em 34%. O fator de necrose tumoral (TNF - alfa) causa inflamação. Foram encontrados níveis elevados em indivíduos com a maioria das doenças crónicas degenerativas, tais como doenças cardíacas, cancro, osteoporose e doença de Alzheimer. (Mann, 2010)

1.1 DECLARAÇÃO DO PROBLEMA

O tomate é uma cultura alimentar altamente perecível, pelo que é geralmente consumido imediatamente após a colheita. No caso de o consumo não ser efectuado após a colheita, é necessário conservá-lo para evitar a sua deterioração.

1.2 OBJECTIVO DO ESTUDO

Este estudo tem por objetivo

Conservação do tomate por tratamento térmico, secagem ao sol e engarrafamento da pasta de tomate

Avaliar a preferência dos consumidores pelas conservas de tomate.

CAPÍTULO 2

2.0 REVISÃO DA LITERATURA

2.1 HISTÓRIA DO TOMATE

O botânico francês Tournefort deu o nome botânico latino Lycopersicon esculentum ao tomate. Traduz-se por pêssego lobo. Chamava-se pêssego porque era erradamente considerado venenoso. O botânico confundiu o tomate com o pêssego lobo referido por Galeno nos seus escritos do século III, ou seja, o veneno numa embalagem palatável que era utilizado para destruir os lobos.

A palavra inglesa tomatoes vem da palavra espanhola tomat, derivada da palavra Nahuati (língua Azteca) tomat. Apareceu pela primeira vez em 1595 como um membro da família das mortíferas sombras nocturnas. Os europeus pensavam erradamente que o tomate era venenoso, pois desconfiavam dos seus frutos brilhantes. (Filippone, 2006a)

As variedades nativas eram pequenas, como a cereja, e muito provavelmente amarelas em vez de vermelhas. O tomate é originário do oeste da América do Sul e da América Central. Inisla Coretez descobriu tomates a crescer nos jardins dos montezuwa e trouxe sementes para a Europa, onde eram plantados para fins ornamentais, mas não eram comidos. (Filippone, 2006a)

A primeira variedade a chegar à Europa era de cor amarela, em Espanha e Itália era conhecida como Pomid'oro, que significa maçãs amarelas. A Itália foi a primeira a adotar e a cultivar o tomate fora da América do Sul. Os franceses referiam-se ao tomate como Pommes d 'amour ou maçãs do amor, pois pensavam que tinham propriedades afrodisíacas estimulantes (Filippone, 2006a)

Em 1897, o magnata das sopas Joseph Combell lançou a sopa de tomate condensada, um passo que colocou a empresa no caminho da riqueza, bem como tornou o tomate ainda mais apetecível para o público em geral. O elevado teor de acidez do tomate torna-o um candidato privilegiado para o enlatamento, o que constitui uma das principais razões pelas quais o tomate foi enlatado mais do que qualquer outro fruto ou vegetal até ao final do século XIX. (Filippone, 2006a)

O tomate é o fruto/baga comestível, frequentemente vermelho, da planta Solanum lycopersicon, conhecida vulgarmente como tomateiro. A espécie é originária dos Andes sul-americanos e a sua utilização como alimento teve origem no México e espalhou-se pelo mundo após a colonização espanhola das Américas. As suas muitas variedades são agora amplamente cultivadas, por vezes em estufas em climas mais frios. O tomate é consumido de diversas formas, incluindo cru, como ingrediente em muitos pratos, molhos, saladas e bebidas. Embora seja botanicamente um fruto, é considerado um vegetal para fins culinários, o que tem causado alguma confusão. O fruto é rico em licopeno, que pode ter efeitos benéficos para a saúde. (Andress, 2006)

O nível de acidez dos tomates varia ao longo da estação de crescimento. Atingem a sua acidez mais elevada quando ainda estão verdes e diminuem a sua acidez à medida que amadurecem. É importante adicionar ácido a todos os produtos de tomate enlatados em banho-maria e sob pressão, a fim de evitar o crescimento da bactéria Clostridium botulinum, que causa o botulismo, e assegurar um nível seguro de acidez, que é um pH de 4,6 ou menos (nível de acidez elevado). Durante muitos anos, os tomates foram considerados frutos de elevada acidez, no entanto, as novas variedades, os frutos demasiado maduros e os tomates provenientes de vinhas mortas ou que morreram devido à geada podem ter um pH superior a 4,6. (Andress, 2006)

Os tomates podem ser conservados através de enlatamento, secagem, congelação ou decapagem. Também podem ser utilizados na criação de produtos alimentares para barrar, como compotas, geleias e marmeladas. Os tomates crus ou os produtos à base de tomates crus podem ser mantidos no frigorífico (abaixo de 40° C), mas deteriorar-se-ão com o tempo devido a bactérias, leveduras e bolores. Atualmente, não se recomenda conservar os tomates em óleo. O óleo pode proteger o organismo do botulismo preso na gota de água e, além disso, o óleo pode ter um efeito prejudicial nas juntas das tampas das enlatadoras caseiras. Apenas os métodos de água a ferver ou de enlatamento sob pressão são recomendados para enlatar alimentos. Os métodos mais antigos, como o enlatamento no forno e o enlatamento em chaleira aberta, foram desacreditados e podem ser perigosos. O risco de envenenamento por botulismo determina a escolha de conservas de água a ferver ou de pressão para o enlatamento de alimentos. Nos alimentos ácidos (pH 4,6 ou inferior) o microrganismo que causa o botulismo não consegue desenvolver-se. Por conseguinte, é seguro utilizar um banho de água a ferver para enlatar. Todos os outros alimentos devem ser enlatados utilizando processos testados de enlatamento sob pressão. (Andress 2006)

2.2 CULTURA DO TOMATE

O tomateiro pode crescer praticamente em qualquer lugar quente e um pouco húmido, mas como acontece com a maioria dos legumes que produzem frutos, é necessário ter um cuidado especial. Com luz solar e água adequadas, a planta transformar-se-á num tomateiro de 1,80 m de altura, com tomates grandes (ou tamanho cereja), vermelhos ou de outras cores da herança. Os tomates sumarentos demoram três meses a crescer. (Herrick et al, 2010)

As etapas do cultivo do tomate incluem :

(1) Preparação da plantação

- Comprar pequenas plantas de tomateiro num viveiro próximo e transplantá-las para o jardim para o primeiro produtor

- Cultivar as plantas a partir de sementes numa estufa ou numa janela ensolarada dentro de casa cerca de um mês antes de as colocar no jardim. Se a estufa não for bem iluminada, utilize uma luz fluorescente ou outra fonte de iluminação e pendure-as 5 cm acima do solo de plantação e continue a aumentá-lo à medida que as plantas crescem. Quando as plantas tiverem mais de 15 cm a 25 cm de altura, transplante-as se o tempo estiver bom.

- Obter boas variedades para o primeiro cultivo (Better boy, creole, Big boy, Early girl, Brandywine celebrity, lemon ou qualquer outra variedade de tomate cereja ou uva) plantar várias variedades em vez de todas de um só tipo. Isto assegura uma colheita constante. (Allen, 2008)

(2) Instalação de uma parcela de plantação

- Escolher um local ensolarado para colocar os transplantes de tomates. Colocar os tomateiros num local que receba pleno sol. Os tomates precisam de muita luz solar para obter um sabor ótimo.

- Em climas quentes, quando a noite atinge uma temperatura baixa de, aproximadamente, 24° C, a maioria dos tomates deixa de dar novos frutos, mas os que já deram frutos crescem. Mas nenhum deles dá frutos quando as noites são muito frias durante a madrugada.

- A cama do jardim é preparada adicionando estrume composto bem apodrecido ao solo, não devendo ser utilizado estrume verde. O adubo deve ser colocado na camada superior do solo a uma profundidade de, aproximadamente, 68 cm. Os tomates requerem um meio de crescimento rico em matéria orgânica.

(3) Colocação de transplantes

- Transplantar os tomates em profundidade. Enterrar cerca de 50-75% da planta (especialmente no caso de plantas pernaltas que ficaram magras ao serem criadas antes de serem transplantadas). Enterra algumas das suas folhas inferiores. Novas raízes surgirão ao longo do caule enterrado, dando à planta um impulso de desenvolvimento, o novo transplante concentrar-se-á na produção de raízes.

- Cada planta deve receber um galão de água nos dez minutos seguintes ao transplante para evitar o choque do transplante.

- Espaçar as plantas de tomate entre 45 cm e 90 cm, a distância normal recomendada permite que as plantas se enraízem bem no solo, enquanto que as plantações mais próximas permitem que as plantas sombreiem os frutos umas das outras, ajudando a evitar queimaduras e permitindo um sabor mais doce.

_ Deixar espaço suficiente para poder entrar entre as plantas para regar, mondar e colher.

(4) Rega

- Regar a planta nos primeiros sete a dez dias após a transplantação, com cerca de 500 ml de água por planta, todos os dias.

- após uma ou duas semanas, coloque uma cobertura morta de palha, erva seca ou agulhas de pinheiro para controlar as ervas daninhas e manter o solo húmido durante o tempo seco. A cobertura vegetal deve ter cerca de 2,5 cm de espessura e rodear pelo menos um círculo de cerca de 30 cm de diâmetro à volta do caule. As agulhas de pinheiro são especialmente boas, pois ajudam a aumentar a acidez do solo. Não manter o solo continuamente húmido ou encharcado, o que matará as raízes e causará doenças do caule, especialmente se o tempo estiver quente (Allen, 2008).

- A rega por gotejamento ou por mangueiras é melhor do que a rega por cima da terra, que pode favorecer as doenças a que os tomates são particularmente susceptíveis.

- Espace a rega após dez dias e assegure-se de que as plantas estão a receber 2,5 cm a 7,6 cm de chuva semanalmente, caso contrário, dê a cada planta cerca de dois galões de água por semana a partir do final da segunda semana após o transplante. Regar em profundidade duas a três vezes por semana (regar cada planta com cerca de um galão de água cada e aumentar a água à medida que as plantas crescem e quando o tempo está mais quente. Se o tempo estiver quente ou seco, regar com maiores volumes de água. (Herrick et al. 2010)

(5) Utilização de estacas e gaiolas

- A gaiola ou estaca de tomate pode ser usada para apoiar a planta trepadeira cerca de catorze dias após a transplantação. Uma estaca deve ter, no mínimo, 1,5 cm x 5 cm de largura e 1,8 m a 2,4 m de comprimento. Monte as estacas a cerca de 30 a 60 cm de profundidade e a pelo menos 5 cm de distância da planta. Fixe a planta à estaca usando laços duplos com nós soltos que não vão estrangular a planta. As estacas podem ser feitas de bambu, de restos de madeira, de condutas eléctricas ou de barras de ferro. Embora seja menos comum, os tomateiros de tipo trepadeira podem ser atados a árvores ou a cercas. Tal como as uvas, o feijão, a abóbora e outras plantas trepadeiras. Isto pode produzir rendimentos especialmente grandes, mas as plantas trepadeiras são menos populares devido ao facto de os tomateiros crescerem tão grandes e volumosos (alguns são chamados indeterminados mas não são trepadeiras e os terceiros tipos são determinantes, que são plantas arbustivas). Um tomateiro determinado cresce até um certo tamanho limitado (determinado) e depois pára ou, pelo menos, abranda muito o seu crescimento. Uma planta indeterminada continua a crescer e a estender-se. Uma gaiola de tomate deve ter, no mínimo, 1,2 m de altura ou mais. As plantas não devem ser amarradas à gaiola. Algumas plantas de tomate podem ter mais de 1,5 m de altura em gaiolas. As gaiolas têm uma tendência para se dobrarem se a planta ficar pesada e, às vezes, colapsam durante as tempestades de verão. As folhas e os caules secundários devem ser cuidadosamente puxados para dentro da gaiola à medida que a planta cresce. (Kendall, 2012)

- Para fazer gaiolas para tomates, são necessários os seguintes elementos ROLO de cerca de arame soldado de jardim com quatro pés de altura, duas aberturas % rectangulares (5cmx10cm) de cerca de jardim com quatro aberturas quadradas (10cm). Faça-a com altura dupla, amarrada a mais estacas para que o vento não as derrube à medida que as plantas sobem. Enrole-a em cilindros de 45 cm para tornar as gaiolas maiores. Corte e dobre as pontas dos arames à volta dos arames não cortados na extremidade oposta, fazendo um círculo. Este tipo de gaiola precisa de estacas fortes bem amarradas (Herrick et al 2010)

(6) Fertilização

- Utilizar adubos químicos ou adubos orgânicos. Utilizar adubos vegetais que ajudam a estimular os frutos. Os tomates podem crescer muito bem organicamente, desde que o solo esteja bem enriquecido com matéria orgânica. Mas se forem usados fertilizantes químicos, use metade da concentração recomendada por galão, mas fertilize com o dobro da frequência para evitar o stress causado pela fome de banquete dos intervalos de fertilização mais longos. Uma fertilização excessiva pode provocar um crescimento demasiado rápido das plantas, tornando-as mais susceptíveis a doenças e insectos. O objetivo do cultivo de tomates é a produção de frutos e não de folhas. Os fertilizantes, particularmente quando são usados em excesso ou quando se usa o tipo errado, podem fazer com que a planta produza mais folhas e folhagem do que frutos.

- Agitar suavemente as estacas ou as gaiolas uma ou duas vezes por semana durante cerca de cinco segundos. A floração começa para promover a polinização das flores (de uma flor para outra). De acordo com a National Gardening Association, agitar as plantas de tomate aumenta a produção de frutos ao distribuir o pólen de forma mais uniforme. (Herrick et al. 2010).

(7) Manuseamento da frutificação

- Observe o aparecimento de frutos cerca de quarenta e cinco a noventa dias após o transplante dos tomateiros. No início, os frutos são geralmente pequenos e verdes. Quando os frutos têm um bom tamanho e uma cor viva e profunda, significa que estão maduros e prontos para serem colhidos. A textura do fruto também pode ser utilizada para determinar se está pronto para ser colhido. A maturação é geralmente determinada por uma ligeira suavidade que é detectada tocando nos tomates com a palma da mão e evitando apertar com as pontas dos dedos e magoar os frutos. (Hackman, 2012)

- Não deve estar excessivamente maduro, visto que isto dará origem a tomates muito moles. É de notar que os pássaros, os guaxinins e alguns cães se alimentam de tomates maduros.

- Os frutos podem ser colhidos mais cedo para amadurecerem dentro de casa ou podem ser colhidos em qualquer altura depois de começarem a mudar para a sua cor madura, o que reduzirá as suas probabilidades de apodrecerem na videira ou de serem comidos por um pássaro ou esquilo. No entanto, os tomates têm um sabor mais doce quando amadurecem na videira, pelo que existe um equilíbrio entre o risco de ameaça e o sabor ao determinar o momento da colheita. (Herrick et al. 2010).

(8) Proteção dos frutos maduros

Colocar um saco tipo sanduíche com fecho de correr sobre os frutos quase maduros, com muito cuidado, de baixo para cima até ao caule, para proteger os tomates maduros dos predadores.

- Fechar os sacos de ambos os lados na parte superior, por cima do fruto, perto do pedúnculo, deixando cerca de 2,5 cm de cada lado para a circulação do ar.

- cortar o canto inferior para drenagem e fluxo de ar. Em tempo quente, perfure cuidadosamente mais orifícios de ar (fendas de 1/2 polegada) ou mais pequenos.

Podem ser colocados enfeites de árvore vermelhos à volta do topo da gaiola dos tomates. Os pássaros vão bicá-los, ficarão confusos e deixarão os tomates em paz.

(9) Cultivo de tomates em vasos

- Os tomates podem ser plantados em vasos para pequenas hortas caseiras

- O vaso deve ter cerca de 18-24 polegadas de altura e 15-20 polegadas de largura. Preencha o solo e fertilize-o.

- Plante os tomates e cubra o solo com um pano preto de plástico que permita a entrada de água através de pequenos orifícios cortados à volta da borda num círculo e enfie a borda no solo. Isto mantém as ervas daninhas, os gatos e os insectos afastados.

- Utilizar estacas compridas de madeira ou plástico e colocar 3-4 no vaso à volta da planta e utilizar fita vegetal ou fio atado à volta do caule principal em vários locais para o apoiar. (Herrick et al. 2010).

2.3 CONSERVAÇÃO DOS TOMATES

Existem milhares de variedades de tomates de várias formas, cores e tamanhos. As formas mais comuns são as redondas (bife de vaca e globo), as em forma de ervilha

(Roma) e as minúsculas do tamanho de uma cereja (cereja e uva). As variedades amarelas tendem a ser menos ácidas e, por conseguinte, menos saborosas do que as suas congéneres vermelhas. Atualmente, nos Estados Unidos, o tomate só é consumido depois da batata (Kendall, 2012).

Ao selecionar os tomates para armazenamento, cheire a flor e não o caule com o nariz. Os mais saborosos terão um aroma rico a tomate. Os tomates devem ser redondos, cheios e pesados para o seu tamanho, sem contusões ou manchas. A pele deve ser dura e não deve estar enrugada. Armazenar os tomates frescos maduros num local fresco e escuro, com o pedúnculo virado para baixo e utilizá-los no prazo de alguns dias. (Filippone, 2006b)

O frio é o inimigo do tomate, pois anula o sabor e torna a polpa farinhenta. A razão é que o processo de desenvolvimento do z-3-hexenel, que é um composto químico responsável pelo aroma e sabor dos tomates, é dificultado pelo frio. Os tomates refrigerados devem ser retirados do frigorífico pelo menos uma hora antes de serem utilizados, para que voltem à temperatura ambiente, a fim de reavivar qualquer z-3 escondido.

Durante a colheita, os tomates não maduros podem ser colhidos e embrulhados em jornais e armazenados numa área fresca, entre 12,8oC e 21,11° C, durante duas a quatro semanas. Verificar com frequência para utilizar os que começaram a amadurecer. Não são tão bons como os que amadurecem na vinha. (Filippone, 2006a)

Se houver congelador, os tomates em excesso podem ser congelados em vez de enlatados. É mais fácil e o seu sabor e textura são melhores, embora já não sejam bons para utilização fresca. Para congelar os tomates, enxaguar e secar bem. Coloque-os em sacos de plástico com fecho de correr e aspire o ar com uma palhinha. Não é necessário descascar ou branquear. Uma vez descongelados, as peles soltam-se facilmente. Serão perfeitas para pratos cozinhados e conservarão mais o sabor fresco do que o sabor cozinhado e enlatado. (Filippone, 2006a)

Os tomates podem ser enlatados de várias formas, incluindo inteiros, picados, esmagados, em pasta (concentrado), puré (coado), molho (ligeiramente mais fino do que o puré e geralmente mais temperado) e sumo (a maior parte da polpa é removida).

Os tomates enlatados não abertos devem ser utilizados no prazo de seis meses. Depois de abertos, os tomates enlatados podem ser guardados no frigorífico em recipientes de vidro tapados, até uma semana. Os restos de pasta de tomate e de molho podem ser congelados durante um período máximo de dois meses. Congele uma colher de sopa de pasta de tomate selada num saco hermético para adicionar rapidamente medidas prévias a sopas e molhos. Na maioria dos casos, não precisam de ser descongelados antes de serem adicionados às receitas. (Hackman, 2012)

2.4 CONSERVAÇÃO DOS TOMATES

Os tomates extremamente maduros e sumarentos podem ser conservados através de enlatamento, congelamento ou secagem. Alguns destes métodos são demorados, mas nenhum exige competências especiais ou algo complicado. (Addison, 2014)

Conservas de tomate

Este processo demora algum tempo, mas não requer quaisquer competências especiais. Os tomates inteiros são escaldados em água quente, descascados, colocados em frascos bem fechados e depois esterilizados.

Conselhos para uma canicultura doméstica segura

- Assegurar que são utilizados os equipamentos corretos.
- Siga as receitas corretas; assegure as proporções corretas de todos os elementos importantes. Evitar a utilização de demasiadas ervas, aromatizantes, ácidos, açúcar e sal. No enlatamento, as adições, substituições ou subtracções podem estragar o enlatamento e ameaçar o nível de segurança.
- Utilize apenas produtos frescos que acabaram de ser colhidos.
- Não conservar os tomates com outros frutos
- Testar as receitas, primeiro fazendo um pequeno lote e depois todo o trabalho
- Quando conservar tomates, utilize sumo de limão ou ácido cítrico para normalizar a acidez.

Vantagens de conservar os tomates.

- O sabor dos tomates frescos pode ser mais preservado com o enlatamento do que com o congelamento (Addison, 2014)
- O enlatamento de tomates é muito útil quando há grandes quantidades a processar de uma só vez. (Janse, 2011)
- Os tomates enlatados têm uma textura semelhante à dos tomates inteiros crus e podem ser consumidos diretamente como acompanhamento, em vez de serem

utilizados apenas para cozinhar (Janse, 2011)

- Os tomates enlatados não se perdem numa falha de energia, como acontece com os tomates congelados, quando a energia do congelador é cortada (Janse, 2011)

Desvantagens do enlatamento

- É preciso mais tempo e trabalho para conservar tomates do que para os congelar
- A produção de conservas gera muito calor, o que pode ser desconfortável na estação seca. (Janse, 2011)

Congelar tomates

Congelar tomates é a forma mais fácil de conservar os tomates maduros até estarem prontos para serem utilizados. Não precisam de ser descascados primeiro. (O ato de os congelar torna os tomates fáceis de descascar) e podem ser congelados tantos ou tão poucos de cada vez quanto possível. Além disso, ao contrário dos tomates enlatados ou dos tomates secos, não ficam muito bem na salada de tomate depois de descongelados. (Addison, 2014) Congelar os tomates não só é fácil como é a melhor forma de preservar o sabor dos tomates frescos para utilizar depois de terminada a época dos tomates

Como congelar tomates

Colocar os tomates em sacos de plástico que possam ser fechados novamente, aspirar o excesso de ar (pode ser utilizada uma palhinha para o fazer), selar e congelar. Durante a época dos tomates, mantenha um saco no congelador e coloque os tomates que não vão ser consumidos imediatamente. Se, no entanto, houver muitos tomates para congelar, coloque-os num tabuleiro de ir ao forno e ponha-os no congelador durante algumas horas para congelarem antes de os colocar nos sacos. Este método ajuda a garantir que os tomates congelam rápida e uniformemente. (Addison, 2014)

Vantagens da congelação de tomates

- Congelar os tomates é a forma mais fácil de os conservar.
- Não precisa de ser cozinhado. Lave os tomates, retire-lhes os talos, coloque-os num saco de congelação e ponha-os no congelador.
- Os tomates congelados funcionam bem em receitas (molhos, caçarolas, sopas, guisados e chili) para receitas em que os tomates serão cozinhados. (Janse, 201i)

Desvantagens da congelação de tomates

- Os tomates perdem a sua textura quando são descongelados e ficam moles. A congelação decompõe as fibras da polpa (que contêm água) e expande-as quando congelam. O resultado é um tomate mole e aguado.
- As enzimas responsáveis pelo sabor do tomate tornam-se inactivas abaixo de 10 C°
- Os tomates descongelados não são apelativos para comer sozinhos, especialmente no que diz respeito à sua textura.

Os tomates descongelados ocupam muito espaço no congelador.

Secagem de tomates

Tomates secos no forno

Os tomates muito maduros podem ser secos no forno, especialmente os que acabaram de sair do mercado ou da horta. A torrefação a baixa temperatura seca-os um pouco, intensificando o seu sabor de forma maravilhosa. Podem ser servidos sozinhos polvilhados com sal ou com massa ou noutros pratos adequados para tomates secos no forno. O processo de secagem funciona melhor quando cada pedaço de tomate tem um pouco de espaço à sua volta (Addison, 2014)

Os tomates secos no forno não estão tão secos que se conservem para sempre, por isso devem ser colocados num frasco e cobertos com azeite e guardados no frigorífico, para durarem muito tempo. Podem ser cortados e adicionados a saladas, massas, etc. (Addison, 2014)

Secagem dos tomates ao sol

Os tomates secos ao sol são tomates frescos que foram submetidos a um processo de remoção de uma grande quantidade de água. Os frutos são cortados e expostos à luz natural do sol e deixados a secar. São facilmente armazenados durante longos períodos de tempo e podem ser utilizados em todo o tipo de receitas. (Eisenpres, 2012)

A textura dos tomates secos ao sol é ligeiramente coriácea e lembra um pouco a carne seca. Embora a maior parte do conteúdo de água seja removido, os tomates retêm uma ligeira quantidade de humidade que se torna aparente quando uma fatia toca na boca. (Eisenpres, 2012)

Uma das vantagens dos toma toes secos ao sol é o facto de não perderem nenhum dos seus valores nutricionais naturais devido ao facto de serem secos à luz do sol. Contêm um elevado nível de vitamina C e licopeno, mantendo também uma dose elevada de vários tipos de antioxidantes. Os tomates secos ao sol contêm relativamente poucas calorias e têm níveis muito baixos de gorduras e sódio. (Fillippone, 2006a)

Como lavar os tomates

Basta cortar ao meio, colocar numa tela elevada, polvilhar ligeiramente com sal e ervas aromáticas opcionais e colocar ao sol quente até secar. Dependendo das condições climatéricas, isto pode demorar entre quatro (4) dias e duas (2) semanas. Os tomates devem ser cobertos com uma rede levantada de forma a que não toque nos tomates, para impedir a entrada de moscas ou insectos e para proporcionar ventilação. Também é necessário trazer os tomates para dentro de casa durante a noite para que o orvalho da noite não anule o processo de secagem. O produto final deve estar seco, mas não estaladiço, sem humidade interna, a fim de evitar o crescimento de bactérias (Maluniu et al, 2014)

Vantagens da secagem do tomate

- Os tomates secos ocupam menos espaço de armazenamento do que os outros tomates conservados.

(Tremblay, 2014)

- O tomate seco é barato para ser processado em casa
- Os tomates secos dão um toque gourmet aos pratos
- O tomate seco não requer nenhum equipamento especial para ser produzido (a não ser que se utilize um desidratador)

Desvantagens da secagem do tomate

- A secagem dos tomates é mais demorada do que a congelação ou o enlatamento
- O tomate seco deve ser reconstituído antes de ser utilizado. (Tremblay, 2014)

2.5 DETERIORAÇÃO DOS TOMATES DURANTE A ARMAZENAGEM

A deterioração do tomate é uma alteração adversa da qualidade do tomate, provocada pela ação de factores predominantemente biológicos e físicos. Estas alterações podem incluir alterações do sabor, do cheiro e do aspeto ou da textura dos frutos do tomate (Hooker, 2010). Diz-se que o tomate está estragado quando as suas caraterísticas se alteram de tal forma que deixa de ser bom para o consumo, alteração essa que nem sempre tem origem microbiológica. Uma caraterística geral da deterioração microbiana é o seu aparecimento súbito, não parece desenvolver-se gradualmente, dia após dia um pouco pior, mas mais frequentemente como uma revelação inesperada e desagradável. (Kendall, 2012)

Muitos factores afectam, em grande medida, a deterioração dos tomates durante o armazenamento (criando um ambiente propício para o crescimento de microrganismos nos tomates). Alguns dos factores incluem:

1. Teor de nutrientes:

Os microrganismos utilizam o conteúdo alimentar dos tomates como uma fonte de nutrientes e energia. Os tomates contêm os elementos químicos que constituem a biomassa microbiana, as moléculas essenciais para o crescimento que o organismo não pode sintetizar e um substrato que pode ser utilizado como uma fonte de energia. A concentração de nutrientes essenciais pode, até certo ponto, determinar a taxa de crescimento microbiano. (Allen, 2008)

2. pH e capacidade tampão:

A acidez ou alcalinidade de um ambiente tem um efeito profundo na atividade e estabilidade de micro moléculas como as enzimas, o crescimento e o metabolismo dos microrganismos são influenciados pelo pH. (Allen, 2008). O valor mais elevado do pH dos tecidos dos tomates torna-os mais susceptíveis à invasão bacteriana do que os frutos. (Kendall, 2012)

3. Atividade da água:

A água é um composto notável considerado como um hidreto de oxigénio (H_2 O). Tem boas propriedades excepcionais quando comparada com hidretos de muitos elementos da tabela periódica, como o amoníaco (NH_3), o metano (CH_4), o sulfureto de hidrogénio (H_2 S) e o ião fluorídrico e hidrogénio ($^+$ H). A vida é totalmente dependente da presença de água no seu estado líquido. A disponibilidade de água nos tomates cria condições favoráveis para o crescimento de organismos que, por sua vez, causam a deterioração dos tomates (Filippone 2006b)

2.6 DOENÇAS DO TOMATEIRO

O Fusarium e o Venticillium são fungos transmitidos pelo solo que causam a doença da murchidão vascular no tomateiro e que se desenvolvem nos tecidos condutores de água da planta. Um olhar atento revela uma descoloração castanha no vapor dos tomates. Incapaz de receber nutrientes através dos vasos danificados, as folhas ficam amarelas e começam a murchar do chão para cima e a planta morre. Não existe tratamento, mas as doenças de murchidão vascular podem ser prevenidas. A incidência destas doenças aumentou com a crescente popularidade das variedades hereditárias e não resistentes. Ao escolher as sementes para plantar, escolha variedades resistentes, faça uma rotação de culturas, evite plantar tomates, batatas ou pimentos no mesmo local durante três (3) a quatro (4) anos. Remover e destruir todas as plantas doentes. (Allen, 2008).

As doenças do tomateiro classificam-se em doenças fúngicas, doenças virais e doenças bacterianas.

Doenças das plantas por fungos do tomate

Os ataques de fungos são as doenças mais comuns do tomateiro, facilmente transferidas pelo ar ou por contacto físico, os esporos podem ficar dormentes em condições de stress para atacar novamente quando as condições são favoráveis (Williamson, 2014). As doenças fúngicas do tomateiro incluem:

(1) Flagelos

Esta é causada pelo fungo Alternaría solani. O míldio precoce manifesta-se por pequenas lesões negras nas folhas e, em breve, por anéis concêntricos como um alvo. Esta doença dos tomates encontra-se na extremidade do caule do fruto, que se torna preto. A praga tardia ocorre geralmente quando as temperaturas do final da estação arrefecem e o orvalho é intenso. Trata-se de manchas escuras encharcadas de água nas folhas. Os frutos totalmente formados apodrecem na videira antes de amadurecerem completamente. (Newman e Pottor, 2014) A melhor medida de controlo do míldio do tomateiro é a prevenção. (Iannotti, 2014a), remover e destruir as folhas infectadas e lavar todas as superfícies de contacto. Podem ser tratadas quimicamente com soluções de cobre; estas são aplicadas até as folhas ficarem a pingar, uma vez por semana e depois de cada chuva. Quando o míldio está presente e progride, torna-se mais resistente aos fungicidas e biofungicidas, pelo que deve ser tratado o mais rapidamente possível e de acordo com um calendário.

(2) Wilts

Existem dois tipos de murchidão: a murchidão de Fusarium, causada por Fusarium spp, e a murchidão de Verticillium, causada por Verticillium spp. A murchidão de Fusarium distingue-se entre as doenças do tomateiro porque começa por atacar apenas uma metade da folha e toma conta de um lado da planta antes de passar para o outro. As folhas ficam amarelas, murcham, secam e caem. A murcha de Verticillim apresenta os mesmos sintomas foliares, mas ataca ambos os lados da planta ao mesmo tempo. Muitos híbridos são resistentes a estas duas doenças do tomateiro. A murchidão não tem cura e persiste no solo durante muito tempo, mas pode ser controlada através da plantação de sementes e plântulas resistentes (Iannotti, 2014a), utilizar um solo de plantação estéril, o pH do solo pode ser aumentado para a gama neutra de 6,5-7,0 através da calagem do solo, as raízes danificadas são pontos de entrada para os agentes patogénicos, por isso evitar ferir as raízes das plantas não utilizando cultivadores ou enxadas à volta da planta do tomate. Todas as ferramentas que possam ter estado em contacto com o solo infetado devem ser desinfectadas imediatamente. (Iannotti, 2014a).

(3) Antracnose

É uma doença comum nos tomateiros. Apresenta-se como pequenas manchas circulares e feridas na pele que convidam outros fungos a infetar o interior do fruto. Os primeiros sintomas aparecem nos frutos maduros como pequenas manchas circulares, ligeiramente afundadas e encharcadas de água. As lesões aumentam de tamanho, tornam-se mais deprimidas e as porções centrais escurecem. As áreas escurecidas contêm muitas estruturas fúngicas pequenas e escuras, das quais se libertam massas de esporos de cor salmão em tempo de chuva. À medida que o fungo se espalha no interior do fruto, ocorre uma decomposição semi-mole. As lesões da antracnose num único fruto fundem-se frequentemente e resultam em grandes áreas apodrecidas. O fungo pode infetar tanto frutos verdes como vermelhos e é capaz de penetrar nas cutículas dos frutos lesionados. Quando os frutos verdes são infectados, não apresentam manchas até começarem a amadurecer. Os frutos de tomate tornam-se cada vez mais susceptíveis à medida que se aproximam da maturidade. Nos frutos maduros, as lesões tornam-se visíveis no prazo de cinco a seis dias após a infeção. (Iannotti, 2014b).

Esta doença pode ser controlada através da rotação de culturas, retirando da videira todos os frutos visivelmente infectados e deitando-os fora. As plantas sobreviventes podem ser tratadas eficazmente com uma série de pulverizações de fungicidas eficazes para o tomate. O fungicida mais seguro atualmente no mercado contém o ingrediente bicarbonato de potássio. (Iannotti, 2014b)

(4) Bolores e Míldios

Encontram-se quando as plantas estão bem plantadas e a circulação do ar é deficiente e, normalmente, têm o aspeto de uma substância pulverulenta nas folhas. (Newman e Pottor, 2014). A mancha amarela nas folhas inferiores acaba por se tornar castanha e aparecem manchas brancas em pó na superfície das folhas, espalhando-se para cobrir as folhas e até os caules. As folhas das plantas afectadas acabam por morrer e cair, deixando os frutos expostos ao escaldão solar. As plantas de tomate afectadas produzem menos tomates e mais pequenos. Os frutos que conseguem sobreviver têm menos sabor do que os frutos saudáveis. (Williamson, 2014) Um dos tratamentos preventivos mais eficazes é a pulverização de enxofre, que se aplica de manhã ou à noite, porque o enxofre pode queimar as plantas de tomate sob a luz direta do sol. Também pode ser controlado com biofungicidas para plantas de tomate, como o Serenade (Williamson, 2014).

Doenças virais do tomateiro.

Os vírus são a segunda doença mais comum das plantas de tomate. Existe uma meia dúzia ou mais de vírus do mosaico. Os mosaicos virais provocam um crescimento atrofiado, frutos deformados e folhas mosqueadas com cores cinzentas, castanhas, verdes e amarelas, as folhas do tomateiro parecem enroladas, as folhas verdes estão enroladas e deformadas. (Williamson, 2014).

Doenças de plantas de tomate à base de bactérias.

Mancha bacteriana

É causada por Xanthomonas spp. A mancha bacteriana desenvolve-se em plântulas e plantas adultas. Nas plântulas, as infecções podem causar desfoliação grave, nas folhas mais velhas aparece como áreas encharcadas de água. As manchas das folhas passam de amarelo ou verde claro a preto ou castanho escuro. As manchas mais antigas são pretas, ligeiramente salientes e superficiais e medem até 7,5 mm de diâmetro, havendo grandes manchas nas folhas. Os sintomas nos frutos imaturos são, no início, ligeiramente afundados e rodeados por uma auréola encharcada de água que desaparece rapidamente. As manchas nos frutos aumentam de tamanho, tornam-se castanhas e ficam com crostas (Wiley, 2014). Pode ser controlado plantando em solos estéreis, plantas em campos que não tenham sido previamente plantados com tomates infectados. Utilizar mudas certificadas e arrancar as plantas infectadas e queimá-las. (Allen, 2008)

Mancha bacteriana

É causada por Pseudomonas spp. A mancha bacteriana aparece como lesões castanhas escuras a pretas de vários tamanhos e formas nas folhas, frutos e caules. As lesões amarelas nas folhas concentram-se frequentemente perto das margens, causando uma necrose marginal extensa. As lesões nos frutos imaturos são ligeiramente elevadas e pequenas, variando em tamanho desde pequenas manchas até 3 mm de diâmetro e causam manchas negras elevadas nos frutos maduros. (Wiley, 2014) A mancha bacteriana pode ser uma doença foliar importante do tomateiro no início da estação. O agente patogénico, Pseudomonas syrinage PV tomato, afecta tanto as plântulas jovens como as plantas maduras. Pode ser controlado através da rotação de culturas e enterrando bem os resíduos vegetais.

Murchidão bacteriana

Esta doença é causada por um organismo bacteriano chamado Erwinia tracheiphiala.

A murchidão bacteriana é outra doença devastadora das plantas. A bactéria entra através das raízes danificadas e através da água que transporta os sistemas radiculares, formando lodo à medida que se multiplica. As plantas murcham literalmente, de dentro para fora. (Newman e Pottor, 2014) Os sintomas são o murchamento das folhas mais jovens, geralmente durante a parte mais quente do dia. Isto pode facilmente passar despercebido porque as folhas permanecem verdes, mas eventualmente toda a planta murcha e morre. Não existem controlos químicos eficazes. Quando as plantas morrem, o agente patogénico é libertado para o solo, pelo que é imperativo remover imediatamente a planta doente, a rotação de culturas pode ser praticada para controlar a doença, o solo deve ser bem drenado, as plantas devem ser espaçadas o suficiente para garantir a circulação do ar. O solo deve ser testado e o pH deve ser mantido entre 6,2 e 6,5. Todos os equipamentos utilizados na jardinagem devem ser esterilizados depois de tocarem em plantas infectadas. (Anon, 2014)

2.7 BENEFÍCIOS DO TOMATE PARA A SAÚDE

Os tomates são frequentemente considerados como um vegetal. São um alimento versátil. São deliciosos quando consumidos crus em saladas ou sanduíches e adquirem uma doçura maravilhosa quando cozinhados. O seu elevado teor de ácido torna-os um instrumento perfeito para a produção de conservas. Os tomates são uma parte importante da dieta nigeriana, pelo que é difícil acreditar que em tempos foram considerados tóxicos. Só em 1800 é que se tornaram um alimento básico nos EUA. Os frutos vermelhos brilhantes (que, na verdade, existem em todo o tipo de cores, incluindo amarelo e roxo profundo) estão repletos de vitaminas (A, C e E). Um tomate inteiro médio contém cerca de 22 calorias, 0 g de gordura, 5 g de hidratos de carbono, 1 g de fibra alimentar, 1 g de proteínas e 6 mg de sódio. São baixos em quilocalorias, com cerca de 14 quilocalorias por 100g, aproximadamente um tomate clássico e meio ou cinco a seis tomates. (Mann, 2010)

Os tomates não são apenas uma boa fonte de vitamina A e C, mas são também uma boa fonte de outras vitaminas e minerais. Os tomates contêm níveis mais elevados de minerais, Fósforo e Potássio, contêm também folato e níveis elevados dos antioxidantes beta-caroteno e licopeno. Um tomate médio tem 552mcg de beta-caroteno e 3.165mcg de licopeno, que podem ajudar a reforçar o sistema imunitário, combatendo os efeitos nocivos de substâncias chamadas radicais livres. (Pauling, 2009)

Prevenção do cancro: Numerosos estudos concluíram que quanto mais tomate se consome, menor é o risco de certos tipos de cancro. Pensa-se que uma substância chamada licopeno, que é responsável pela cor vermelha do tomate, é a razão deste efeito protetor do cancro. Os tomates transformados contêm ainda mais licopeno do que os tomates crus. O processo de cozedura quebra a parede celular, ajudando assim a libertar o licopeno. Comer tomates com um pouco de gordura, como azeitonas, ajuda o licopeno a ser melhor absorvido. (Collier, 2013)

Prevenção de danos no ADN: os tomates são ricos em antioxidantes importantes, como a vitamina C e a vitamina A. Estas vitaminas actuam para evitar os danos no ADN provocados pelos radicais. Consequentemente, o tomate pode ajudar a evitar doenças relacionadas com a idade, como a aterosclerose e a diabetes. (Collier, 2013)

Reduz o risco de doenças cardíacas: o tomate contém nutrientes importantes, como a niacina, o folato e a vitamina B6, que estão associados à redução das doenças cardíacas. Um estudo mostrou que as mulheres que consomem 7 a 10 porções de produtos de tomate por semana têm um risco 29% menor de doença cardiovascular do que as mulheres que consomem menos de uma porção e meia de produtos de tomate por semana. (Mann, 2010)

Proteção contra a trombose: Outro estudo demonstrou que o consumo de 0,2 litros de sumo de tomate por dia reduziu significativamente a agregação plaquetária entre os sujeitos do estudo. Beber sumo de tomate com baixo teor de sódio protege contra a trombose (coágulos de sangue nos vasos sanguíneos), mas níveis elevados de sódio podem causar efeitos negativos neste tipo de doença. (Mann, 2010)

Prevenção da inflamação: Um estudo duplo cego descobriu que beber um copo de sumo de tomate por dia pode reduzir os níveis sanguíneos de TNF - a (fator de necrose tumoral) em 34%. O fator de necrose tumoral (TNF - alfa) causa inflamação. Foram encontrados níveis elevados em indivíduos com a maioria das doenças crónicas degenerativas, tais como doenças cardíacas, cancro, osteoporose e doença de Alzheimer. (Mann, 2010)

O licopeno é um carotenoide e um fito nutriente que se encontra nos frutos e vegetais vermelhos, como o tomate. Grande parte do interesse no tomate deve-se ao licopeno antioxidante que ajuda a eliminar os radicais livres nocivos no corpo, que podem danificar as nossas células. (Godman, 2012)

O licopeno ajuda a prevenir o cancro da próstata, o cancro da mama, a úlcera do estômago e a degenerescência muscular relacionada com a idade. Pode aumentar a capacidade da pele de se proteger contra os raios ultravioleta. Pode também desempenhar um papel na redução do colesterol no sangue. (Mann, 2014)

Efeito secundário de comer demasiados tomates

Comer demasiados tomates pode causar alguns efeitos secundários negativos; comer dezenas de tomates médios a grandes num dia pode fazer com que os efeitos secundários cumulativos se tornem evidentes. No entanto, o tomate é uma boa fonte de vitaminas e nutrientes, como o licopeno, pelo que o consumo moderado de tomate deve fazer parte da dieta. (McAllister, 2011)

Efeitos secundários gastrointestinais

Os tomates são vegetais ácidos, pelo que a sua ingestão em excesso pode agravar doenças pré-existentes, como a doença do refluxo gastro-esofágico (DRGE), também conhecida como refluxo ácido, que é uma doença em que os ácidos digestivos do estômago sobem e vazam através dos músculos que actuam como uma válvula entre o estômago e o esófago, queimando o esófago. Os tomates, especialmente em grandes quantidades, podem piorar esta situação. De acordo com relatórios recentes, as sementes do tomate podem também agravar a diverticulite ao alojarem-se nos divertículos (pequenas bolsas formadas no trato digestivo), causando inflamação e infeção. (McAllister, 2011)

Sobredosagem de vitaminas

Em teoria, é possível uma overdose de certas vitaminas e nutrientes se forem consumidas grandes quantidades de tomate em concentrações elevadas. Um tomate de tamanho médio contém 1.025 UI de vitamina A, um pouco menos de metade da recomendação diária de vitamina A. Se forem consumidos dez tomates num dia, isso ultrapassaria o limite máximo de vitamina A, o que poderia provocar náuseas e dores de cabeça, de acordo com Pauling (2009).

Um tomate médio também contém cerca de 17 mg de vitamina C, cerca de um décimo do limite superior. Comer demasiados tomates provoca uma sobredosagem de vitamina C e pode levar ao desenvolvimento de pedras nos rins (McAllister, 2011)

A menos que seja devido a uma alergia ao tomate, este deve ser uma parte essencial de uma dieta equilibrada, mas lembre-se de evitar produtos à base de tomate, se for propenso a queimaduras cardíacas, coma com moderação. (McAllister, 2011)

CAPÍTULO 3

3.0 MATERIAIS E MÉTODOS

3.1 MATERIAIS

O material utilizado para a realização deste estudo inclui:

Garrafas anaeróbicas, tigelas, baldes, alho, gengibre, óleo de noz moído, faca, panelas, temperos. Fogão, tomates, água,

3.2 MÉTODOS

Recolha de amostras

As matérias-primas utilizadas para este estudo foram compradas nos mercados da cidade de Benin. Foram recolhidas em recipientes esterilizados e levadas para o laboratório para serem conservadas.

Técnica de conservação

Os tomates frescos maduros foram divididos em quatro partes e cada parte foi etiquetada como A, B, C, D. No fim do período de conservação, foi trazido para estudo outro lote de tomates etiquetados como E. Todos os tomates marcados foram cozidos e dados a catorze provadores que classificaram os produtos utilizando a escala hedónica. As respostas dos provadores foram objeto de uma análise pelo teste t.

Grupo A - Secagem ao sol

Os tomates foram selecionados e limpos. Foram escaldados em água quente com especiarias (alho moído e gengibre) durante dez minutos, depois foram cortados em fatias finas e espalhados ao sol com um secador solar. Os tomates secos foram depois embalados num frasco hermético e rotulados, sendo depois armazenados durante duas semanas.

Grupo B - Bott ling

Os tomates são selecionados e limpos. Deixou-se evaporar uma parte do líquido, enquanto o líquido restante foi drenado do puré com um coador. Deixa-se arrefecer e mistura-se até se obter uma pasta homogénea. Em seguida, foram trituradas em pasta com alho e gengibre como conservantes. As pastas foram colocadas em frascos herméticos, deixando um espaço no topo. Deixou-se repousar em água quente durante cinco minutos antes de tapar os frascos. A pasta engarrafada foi esterilizada numa panela de pressão durante vinte minutos; deixou-se arrefecer e rotulou-se. Em seguida, foi armazenada durante duas semanas.

Grupo C - Tratamento de água quente

Os tomates foram selecionados e limpos. Foram escaldados em água quente com especiarias (alho e gengibre) durante dez minutos, a água foi drenada e os tomates foram colocados numa garrafa hermética e deixados em água quente durante cinco minutos antes de a fechar. A garrafa foi rotulada e guardada durante duas semanas.

Grupo D - controlo negativo

Estes tomates não foram objeto de qualquer tratamento. Foram selecionados e limpos. Foram colocados em frascos herméticos e etiquetados. Foram deixados em armazém durante duas semanas.

Grupo E - controlo positivo

Trata-se de tomates acabados de comprar, que não foram objeto de qualquer tratamento e que não estavam armazenados. Foram imediatamente misturados e estufados.

Estufagem dos tomates

Para este estudo, os tomates com as etiquetas A, B, C, D e E foram cozinhados segundo o método de cozimento convencional e servidos a catorze provadores para avaliação sensorial. A escala hedónica foi utilizada para avaliar o nível de preferência dos vários produtos. As classificações na escala são de 9-1.

CAPÍTULO 4

4.0 RESULTADOS E DISCUSSÃO

4.1 RESULTADOS

As amostras A, B, C, D e E foram dadas a catorze provadores. Os quadros 1, 2 e 3 apresentam as classificações do tomate estufado, da pasta de tomate engarrafada e do tomate tratado com água quente. Mais de metade dos provadores classificou os produtos com a classificação mais elevada da escala, ou seja, 9. O quadro 4 mostra as classificações dos provadores relativamente ao controlo negativo, tendo metade dos provadores classificado o produto com 8. O quadro 5 representa as classificações do controlo positivo, tendo dez membros do painel atribuído a classificação 9. O quadro 6 apresenta as classificações dos membros do júri, com a pontuação total de cada produto, revelando que o produto E obteve 122 pontos, seguido do produto C, com 119, e dos produtos A, B e D, com 118 cada.

Durante o armazenamento, as amostras C e D conseguiram manter a integridade da sua textura, permanecendo firmes durante todo o armazenamento. A amostra D, que constituía o controlo negativo, não recebeu qualquer tratamento, pelo que se verificou um crescimento de fungos na superfície dos tomates, que foram lavados com salmoura antes de serem cozidos.

JUÍZES	PRODUTO A
1	9
2	8
3	9
4	9

5	7
6	9
7	9
8	9
9	9
10	7
11	9
12	7
13	8
14	9
TOTAL	118

QUADRO 1: CLASSIFICAÇÃO DO PRODUTO (A) PELOS MEMBROS DO PAINEL

JUÍZES	PRODUTO B
1	8
2	9
3	8
4	7
5	8
6	8
7	8
8	9
9	9
10	9
11	9
12	9
13	9
14	8
TOTAL	118

QUADRO 2: CLASSIFICAÇÕES DOS MEMBROS DO JÚRI PARA O PRODUTO (B)

JUÍZES	PRODUTO C
1	8
2	9
3	9
4	8
5	9
6	9
7	9
8	7
9	9
10	9
11	9
12	8
13	8
14	8
TOTAL	119

QUADRO 3: CLASSIFICAÇÕES DOS MEMBROS DO PAINEL PRODUTO (C)

JUÍZES	PRODUTO D
1	9
2	8
3	8
4	8
5	8
6	9
7	8
8	8
9	8
10	9

11	9
12	9
13	8
14	9
TOTAL	118

QUADRO 4: CLASSIFICAÇÕES DOS MEMBROS DO PAINEL PARA O PRODUTO (D)

JUÍZES	PRODUTO E
1	9
2	8
3	9
4	8
5	9
6	9
7	9
8	9
9	9
10	8
11	9
12	9
13	8
14	9
TOTAL	122

QUADRO 5: CLASSIFICAÇÃO DO PRODUTO (E) PELOS MEMBROS DO PAINEL

JUÍZES	PRODUTO A	PRODUTO B	PRODUTO C	PRODUTO D	PRODUTO E
1	9	8	8	9	9
2	8	9	9	8	8
3	9	8	9	8	9
4	9	7	8	8	8
5	7	8	9	8	9
6	9	8	9	9	9
7	9	8	9	8	9
8	9	9	7	8	9
9	9	9	9	8	9
10	7	9	9	9	8
11	9	9	9	9	9
12	7	9	8	9	9
13	8	9	8	8	8
14	9	8	8	9	9
TOTAL	118	118	119	118	122

QUADRO 6: MATRIZ DAS CLASSIFICAÇÕES DAS AMOSTRAS A,B,C,D,E

4.2 DISCUSSÃO

Os tomates são altamente perecíveis e estão sujeitos a danos superficiais e internos. São sensíveis a lesões provocadas pelo frio. Deve-se efetuar uma gestão adequada da temperatura durante o armazenamento. O sabor dos tomates deve ser preservado tanto quanto possível, de forma que qualquer meio utilizado para conservar os tomates deve ser capaz de manter o seu sabor. Neste estudo, os três métodos utilizados para conservar os tomates revelaram-se muito bem sucedidos, visto que os tomates não apodreceram durante as duas semanas em que foram observados. O recipiente hermético foi capaz de manter os tomates intactos. A observação atenta revelou que os tomates crus não perderam o seu sabor e textura frescos, incluindo o controlo negativo. Eisenpress, (2012) relatou sobre tomates secos ao sol, o que este estudo confirmou. Kendal, (2012) refere os métodos de enlatamento de tomates e a reação do consumidor aos tomates enlatados. O estudo revelou que todos os participantes do painel gostaram dos produtos estufados e não foram capazes de diferenciar os estufados feitos com tomates frescos dos estufados feitos com tomates em conserva. Este facto é evidente na classificação que os membros do painel fizeram dos vários produtos servidos. O método de conservação permitiu manter os tomates frescos sem provocar uma acidificação ou uma viscosidade invulgares nos produtos estufados. Os guisados feitos com tomates estragados são geralmente viscosos e desagradáveis para a língua, mas estes produtos eram bastante agradáveis para a língua. Quando os tomates foram retirados do armazém, as amostras C e D apresentavam ainda uma textura firme. As amostras A exalam frescura quando a garrafa é aberta. Esta técnica foi capaz de inibir os organismos de deterioração dos tomates durante o armazenamento.

Akbudal et al, 2007 referiu que os tomates foram mergulhados em água quente a uma temperatura de 50° C, o que atrasou o amadurecimento, reduziu as lesões causadas pelo frio e controlou as doenças pós-colheita iniciadas por microrganismos. Outro trabalhador, Etebu et al, 2013, também referiu que o tratamento por imersão em água quente prolongou a qualidade dos tomates inteiros armazenados.

CAPÍTULO 5

5.0 CONCLUSÃO E RECOMENDAÇÃO

5.1 CONCLUSÃO

Este estudo revelou que os tomates frescos conservados por secagem ao sol, por tratamento com água quente e por engarrafamento em pasta não perdem o seu sabor quando estufados. Este facto é deduzido da classificação dos membros do painel, que não revelam grandes diferenças de preferência, o que indica que não há diferença de sabor. Os participantes não conseguiram distinguir se os tomates eram conservados ou frescos.

5. 1RECOMENDAÇÃO

Os vendedores de géneros alimentícios que utilizam tomates para preparar alimentos podem utilizar qualquer um destes métodos para conservar os tomates, de forma a poupar dinheiro durante o período de escassez, em que o custo dos tomates aumenta acentuadamente, aumentando, assim, o custo de produção e reduzindo os lucros.

REFERÊNCIAS

Addison G. (2014) Tomates em cestos suspensos. Estufa Watson e viveiro publ. EUA.

Akbudak B, Akhudak N, Eris A e Seriz V (2007): Tratamento sequencial de embalagens com água quente e atmosferas modificadas em tomates cereja. J.Food Quality. 30. 896-910

Allen A. (2008): Uma paixão por tomates. Revista Smithsonian. EUA.

Andress E.L e Harrison J.A (2006): General freezing information. Publicação do Centro Nacional de Conservação de Alimentos Caseiros. Geórgia, EUA.

Anon. (2014): Passos para o controlo das doenças do tomateiro. Ajuda sobre as doenças dos tomates.compubl. EUA.

Collier L.C (2013): Tomates, o super alimento cura tudo. Day in health Pub. USA.

Eisenpress C. (2012): Sundried tomatoes. Food52 press New York.

Etebu E, Nwauzoma A.B, Bawo D.S (2013): Deterioração pós-colheita de tomates (Lycopersicon esculentum mill) e estratégias de controlo na Nigéria. Journal of Biol. Agric and Health care Vol 3(10), 51-56

Filippone P.T (2006a): The history of Tomatoes as food (A história do tomate como alimento). About.com inc. livros de cozinha. EUA.

Filippone P.T. (2006b): Seleção e armazenamento de tomates. About.com inc. livros de cozinha. EUA.

Godman H. (2012) Tomates ricos em licopeno associados a um menor risco de AVC.

Publicações de Saúde de Harvard. EUA.

Hackman A.C. (2012): Congelamento de tomates para reduzir a deterioração. Green house talk pub. EUA

Hooker A.L. (2010): A expressão genética da resistência em plantas às ferrugens. Deterioração do tomate. 5, 163

lannotti M (2014a): Doença das folhas do tomateiro. About.com publ. EUA

lannotti M (2014b): Doença dos frutos do tomateiro. About.com publ. EUA

Janse V.R (2011): Vantagens de enlatar os seus próprios alimentos. Growing your own food publ. EUA.

Kendall P.C. (20112): Conservas de tomate e produtos à base de tomate. Departamento de Agricultura. Colorado State Uni. EUA

Maluniu M, Hadley C e Sghelardoni C (2014): Como fazer tomates secos ao sol. Food and entertaining publications, EUA.

MannN. (2010): the health benefits of tomatoes. Healthy eating publ. USA.

McAllister J. (2011): Efeitos secundários de comer demasiados tomates. Publicação geral de saúde familiar. EUA.

Newman S e Pottor F.F (2014): Reconhecendo problemas de tomates. Folha de factos dos serviços de extensão do estado do Colorado n.º 2.949

Pauling L (2009): A teoria da estrutura e do processo de formação de anticorpos. Jornal da Sociedade Americana de Química. 62(10), 2643-2657.

Tremblay L. (2014): A informação nutricional dos tomates secos ao sol. Livestrong foundation publ. EUA.

Wiley D. (2014): Doenças de plantas de tomate. Melhor casa e público de jardinagem. EUA

Williamson J.C (2014): Doenças do tomateiro. Clemson cooperative extension services fact sheet USA.

MIX
Papier aus verantwortungsvollen Quellen
Paper from responsible sources
FSC® C105338

Printed by Books on Demand GmbH, Norderstedt / Germany